U0007271

How to Be Successful without Hurting Men's Feelings:
Non-threatening Leadership Strategies for Women

莎拉·古柏

Sarah Cooper 著

陳重亨———譯

這樣說話, 最聰明!

展現你的領導力,
但不傷害男人玻璃心的「零威脅」成功法則

TABLE OF

CONTENTS

在職場上，身為女人最糟糕的是什麼？
我們請這三位男士來說說他們的看法。

前言

我寫這本書
沒有傷害
任何人的感情

當我開始寫《這樣說話，最聰明：展現你的領導力，但不傷害男人玻璃心的「零威脅」生存法則》時，我最擔心的是這本書會太成功，並且傷了男人的玻璃心。畢竟，這是我最不願意的。

你知道的，我每天早上醒來都會問自己同樣的問題：我怎麼敢？

我怎麼敢到處尋找機會？怎麼敢大喇喇把話說出來？怎麼敢懂點什麼？我怎麼敢跟男人說他錯了，或者怎麼敢跟男人說他是對的？他可是男人！他知道自己是對的！

天天問自己這些問題讓我充滿了力量，可以把一切的希望和夢想推到內心很深、很深的地方，只有我氣到無話可說的時候，它們才會在我的眼中閃爍著微光。

但有時那道光太閃太亮，這也不太行！因為你知道有什麼比我的希望和夢想還珍貴嗎？那就是男人的自尊心。

男人的自尊心，必須不惜一切代價去保護。

不過你會問：莎拉，要是有個男人犯了天大的錯，一個可能會害死他的錯，我們又該怎麼辦？這時候還是不該插嘴提醒他嗎？

對。你不該。

我跟你說個瑪麗的故事。有一天晚上，瑪麗和同事史蒂夫一起開車去隔壁小鎮的某公司。當時已經是傍晚，史蒂夫忘記打開車頭燈，所以瑪麗溫和地提醒：「你沒開燈。」史蒂夫微微一笑，並把燈打開。瑪麗慶幸著史蒂夫不介意，接著他們經歷了一次非常愉快、並且如預期般沒什麼用的團隊凝聚活動。

但回家的路上就不是這麼回事了。

回程，史蒂夫又犯了同樣的錯，忘記打開車頭燈。因為這一次車上還有其他同事，所以瑪麗稍稍猶豫了一下才開口。經過幾秒鐘的思考，她認為還是該提醒，這麼做對車上所有人才是最安全的。我相信各位可以想像接下來發生了什麼。瑪麗請史蒂夫打開車頭燈，結果後座同事嘲笑史蒂夫的錯誤，史蒂夫在慌亂又尷尬之餘，心頭突然升起一陣怒火，於是沒注意停車慢行標誌，攔腰撞上了一輛休旅車。幸運的是，所有人都還活著。不幸的是，大家都說是因為瑪麗才出車禍。

同事笑她還想教史蒂夫要怎麼開車。瑪麗試圖為自己辯解，認為自己做得沒錯。

但其實瑪麗真的錯了。大錯特錯。

假如你要在拯救男人的自尊和拯救他的生命之間做出選擇，相信我。先拯救他的自尊。要是他後來沒死，他會為此感謝你的。當然如果死了，反正就沒啦。你懂我的意思。

當你傷害了一個男人的自尊，不管來龍去脈是怎樣，他們都會像死了一樣痛苦。在令人心累的職場錯誤中，忘記打開車頭燈不過是其中一個不太嚴重的例子，其他諸如在簡報上寫錯日期、在估價單上多或少了一個零、對公司產品線的未來做出錯誤判斷，或者跟實習生上床最後讓公司花幾百萬美元去打官司。

我們身為女性，可能會想說：「不好意思！你在這裡犯了個小錯。」千萬別這麼說。要當個零威脅的女性，就要避免這種本能反應，因為這麼做對任何人都沒好處，對我們自己尤其沒好處。

很遺憾地，這不單純是指出錯誤而已，而是職場上某種指揮統御形式的展現。這是在展現你野心勃勃、追求權力、賣弄學識，如果各位真的想在職場上順利成功、出人頭地的話，以上這些都是危險道路。

作為一個活在商界的女人，我常常看到一些女人一次又一次地重蹈覆轍。跟同事們說自己想要升官。跟經理要求調薪。在工作中力求表現，想主導會議、在會議上發言、在會議上睥睨四方，還想在會議上呼吸。

這種事情看多了，我就知道寫出這樣一本書正是我的使命，告訴各位努力得剛剛好就好，不要適得其反。其中有很多訣竅，是我在男性主導的科技產業工作期間學到的。雖然我偶爾還是會搞砸一些事情，或者顯得太具威脅性，但我通常嚴格遵守這些規則，也認為它們確實能幫助我有所成就。

如果想在職場上被認真對待，那麼《這樣說話，最聰明！》就是女性必須遵守的不具威脅性領導指南。當然，所謂的「認真」意思是「不認真」，這是我們始終要努力去達成的。而這裡所說的「努力」，當然，我指的就是「接受」。

這本書無所不有，從如何降低理想以找到理想工作，到如何在應對騷擾的同時保護騷擾者，還有這麼幾頁：如果有男人對你碎念，而你得耐心等他們把話說完，那你就需要隨手塗個鴉來打發時間。

每一章還會提供一個練習，目的是要挑戰你，看看別人是不是會覺得你這個人的「挑戰性」夠低。我通常會說這是我的「不作為項目」（inaction items）。

因為有些時候，不作為就是我們最棒的作為。

所以各位小姐女士，請用這本書介紹的小技巧武裝自己。警惕自己要藏好躲好。（不是把自己整個藏起來，只要藏好你身為女人和／或少數族群的那一部分就好。）

要攀上職業生涯的高峰、打破那片玻璃天花板，但要非常安靜、小心翼翼地做，而且一定要讓男人認為這是他為你做的。

儘可能保持靜止，你就可以走得比你想像得還遠，前提是你根本沒想走太遠。

I AM Woman HEAR ME ROAR Very Softly

SO AS NOT TO STARTLE ANYONE

我是女人／聽我非常溫柔的怒吼／才不會嚇到任何人

第一章：夢想

如何在面試時表現優越，又不會太卓越

在當今競爭激烈的就業市場中，女性要展現自我，必須非常小心。我們要友善，但不能太友善；要表現出色，又不能太出色；要完全融入職場上的偽裝，但也要自己可以完全適應。

通常要遵守所有規則似乎是不可能的，而事實的確也是如此。

但各位要是想在下一次工作面試中順利，請記住以下幾個規則。

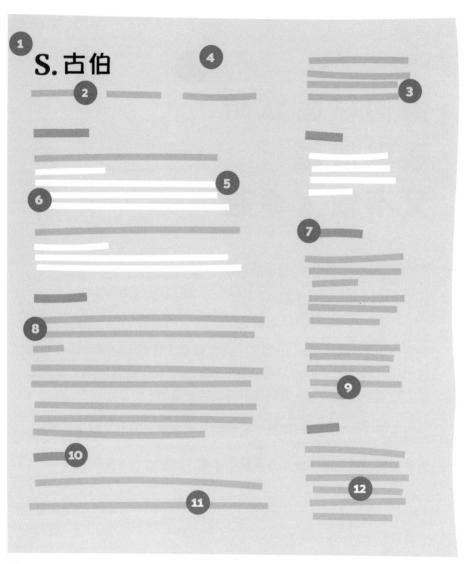

S.古伯

讓你的履歷表中性化

為確保你的履歷表沒有超級醒目地寫著「我是女人」，請遵循以下中性化履歷表指引守則：

1 名字用首字母縮寫

2 不要在專業簡介中使用你（妳）、我、他（她）等代名詞

3 辦一個男人味十足的電子信箱，
例如：yeahboy23@gmail.com

4 用動漫角色當你的大頭照

5 通篇使用「傳統顛覆者」這種詞

6 用男性符號（♂）來當作列點的符號

7 在顏色方面，跟色盲一樣只使用藍色

8 偶爾寫出一些不完整的句子

9 加上這句話：如需男性推薦信，將另行提供

10 把 skills（技能）拼成 skillz 才酷

11 列出你最愛的威士忌、蘇格蘭威士忌或印度式淡艾爾啤酒

12 在休閒愛好裡加入「極限運動」

戴婚戒的時機

電話面試　　　　　　親身面試

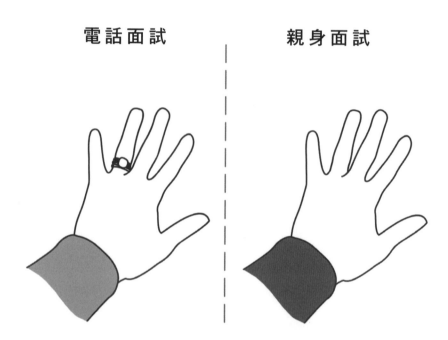

假如你已經結婚了，那麼婚戒只適合在電話面試時戴著，但在面對面的面試時最好拿下來。這個小動作可以幫助你傳達「我最近還不會懷孕」的訊息。等你找到工作之後，記得至少在第一次升職前，都要確保已婚的身分沒有洩露。

笑得恰到好處

太曖昧

臉太臭

剛剛好

面試的時候，你應該笑得多開？正確答案是：不能太多，但也絕對不能太少。你可以先練習一種介於這兩者之間的微笑，雖然這會讓你看起來好像快中風。對，這就是你最好的選擇。

應該避免的髮型

太性感

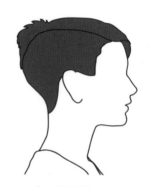

太難懂

太邋遢

太宗教

為了博得最佳第一印象，你應該避免某些髮型，以下是這些髮型的簡單示例。

太乏味

太老氣

太黑

根本黑

太隨便

太引人注意

太保守

完美

面試別穿這些

想要在重要面試時有好表現，以下穿搭應該避免：

- 透明罩衫
- Ｖ領女裝襯衫
- 深Ｕ領女裝襯衫
- 女裝襯衫
- 緊身洋裝
- 寬版連身裙
- 迷你裙
- 短褲
- 牛仔褲
- 牛仔短褲
- 緊身褲
- 牛仔緊身褲
- 厚重夾克
- 花朵圖案
- 不討喜的條紋
  或圓點花色
- 顏色太鮮豔
- 顏色太暗沉
- 露出刺青
- 隱藏刺青

- 瑜珈褲
- 緊身休閒褲
- 過膝長靴
- 過膝長襪
- 露趾高跟鞋
- 運動鞋
- 節慶指甲彩繪
- 社運Ｔ恤
- 樂團Ｔ恤
- 流蘇
- 太多首飾配件
- 沒有首飾配件
- 帽子
- 圍巾
- 蝴蝶結
- 圓領背心
- 毛衣
- 高領毛衣
- 扣領襯衫
- 一般襯衫

聲量大小

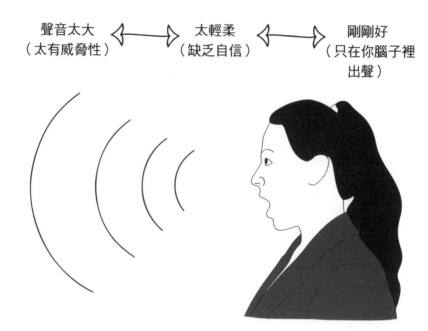

聲音太大
（太有威脅性）
←→
太輕柔
（缺乏自信）
←→
剛剛好
（只在你腦子裡
出聲）

當你在面試過程中說話時，充滿熱情是十分重要的，但也不必太大聲，以免嚇到面試官。也記得別太輕聲細語。不過，在腦中跟自己對話就沒問題，這還可以提醒你不要滔滔不絕說個沒完。

音調高低

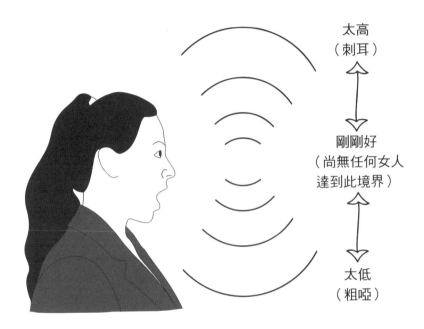

太高
（刺耳）

剛剛好
（尚無任何女人
達到此境界）

太低
（粗啞）

音調高低，對於女性來說是個棘手的問題。我們正常說話的聲音不是尖銳又煩人，就是太低沉、不像個女人在說話。也因此，我們必須不斷練習，練習用男人覺得悅耳的聲調來說話。事實上，我們可能得練習一輩子，因為到底怎樣叫「剛剛好」，到現在還沒人知道。

邀 功

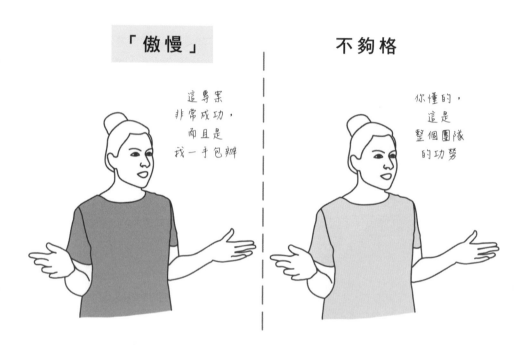

「傲慢」 | 不夠格

這專案
非常成功，
而且是
我一手包辦

你懂的，
這是
整個團隊
的功勞

要描述自己的成就，你得在「吹噓」和「隱藏」之間找到一個平衡點。
這當然很困難，因為如果拿不出成績，你看起來就是不夠格，但如
果表現得太過，又顯得你目中無人。在此我只能祝你好運了。

談　判

| 「很嚇人」 | 自我輕視 |

我們可以討論一下薪水嗎？

聽起來不錯，我接受

還沒談好薪水之前，絕對不要先接受那個職位。但你提出要談判的話，可能會顯得咄咄逼人，而如果都不談判，對方又會以為你覺得自己沒價值。所以，你得試探一下新老闆的態度。問問如果他們是你，在這種情況下會怎麼做。或者乾脆別問了，這註定失敗。

小 結

當你找到一份新工作，這些相互矛盾的建議可能會讓你困惑，甚至不知所措。但你當然不能讓這種事發生，因為你是個堅強的女人，一切都在你的掌控中。然而，如果你表現得太強勢或太有權力，那麼最終你可能會落得兩手空空。

你得讓一切順其自然。所以，忽視這些建議，但也要遵循這些建議，同時保持獨立思考。這一切，就是為了找到那個根本不存在的完美平衡。

練習：降低期望

我常常問自己一件事：該如何儘量降低對於職業生涯的期望，好讓自己不要失望？

運用下一頁的工作表，想想你真正想要的生活、家庭與事業，以及該如何降低欲望、減少期望。

降低期望

行動計畫

我的夢想	降低我的期望
家庭	
一個支持我的老公， 還有一或兩個孩子	趁來得及之前， 賺夠錢去凍卵
生活	
事業	

ARE YOU

Overthinking

EVERYTHING?

MAYBE YOU ARE

but maybe you're not?

你是不是／什麼事／都想太多？／也許真的想太多／又也許並沒有？

第二章：溝通

如何說話像男人，
但看起來像女人

在男性主導的工作場所，女性必須加入「大男孩俱樂部」。意思就是說，你要表現得像個男人，不要太過女人。

但有時候，就算女人跟男人說一樣的話，還是會被解讀得完全不同。這就夠讓你想哭了（如果你是男人，這表示你很敏感；如果是女人，這表示你在歇斯底里）。

身為職場女性，以下這些語句，你應該完全避免。

你這份文件要改的地方有不少

有幫助的

尖酸刻薄

顛覆者 | 引起混亂

這很讓人火大

有熱忱　　　　　情緒化

自信 自大

我需要多點時間來研究一下

注重細節

慢吞吞

我有四個孩子

需要晉升，
才能照顧好家庭

不適合晉升，
因為需要照顧家庭

顧家

不負責任

專注　　　　　難搞

太忙了 ｜ 缺乏團隊精神

我想要加薪

有野心　　　　有架子

很抱歉，我搞砸了

需要另一次機會

需要另一份工作

思考入微　　　　善變

小　結

有些人可能會說，別人要怎麼解讀你的話是他們的問題，這麼說是沒錯。可是這也是你的問題，因為你的事業能否成功，靠的就是這些軟實力。但對女性來說，我們的軟實力既不能太軟，單靠我們的硬技能卻也無法應付工作。

所以我是想說什麼？我也不知道。我現在只是在兜著圈子說話，但無妨，因為我的語氣非常、非常平靜。

練習：控制自己的語氣

語氣控制是一種微妙的方法，它可以讓人只注意到你說話的方式，而忽略你說話的內容。最好先控制自己的語氣，反正被忽略的情況你遲早都會碰到，就不必讓其他人來代勞了。

利用下一頁的實作練習表，把「要說什麼」和「該怎麼說」配對起來。

控制自己的語氣
實作練習表

提出問題	輕聲細語的
進行簡報	不帶起伏的
說你會遲到	抑揚頓挫的
抱怨	語調上揚的
分享你的看法	語帶愧疚的
表示不贊成	性感魅惑的
提供回饋	開玩笑的
為自己辯解	要死不活的
面試應徵者	膽小的
主持會議	沉默寡言的
給予指導	害羞膽怯的
質疑過程	優柔寡斷的
要求加薪	不冷不熱的
要求升職	拐彎抹角的
提早下班	阿諛奉承的

特別提示

職場溝通的常用方式

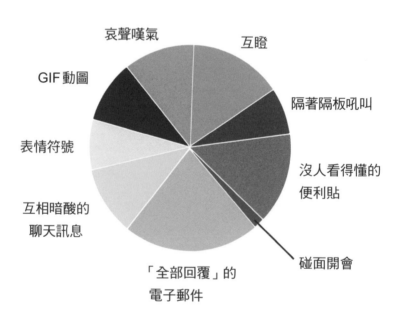

哀聲嘆氣

互瞪

GIF 動圖

隔著隔板吼叫

表情符號

沒人看得懂的
便利貼

互相暗酸的
聊天訊息

碰面開會

「全部回覆」的
電子郵件

特別提示

我們上班時都在忙什麼？

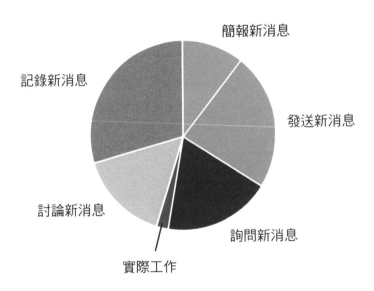

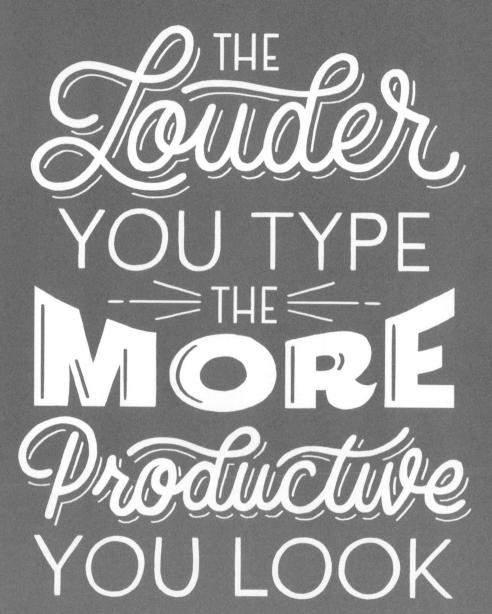

你打字／越大聲／看起來就／越有生產力

第三章：野心

如何讓工作更上一層樓，但不刺激到那些同事們

在企業界，男人在辦公室講空話的技術早已登峰造極，讓人以為他們是全公司最拚命的員工，就算他們已經好幾年沒真的做過什麼。你當然也可以如法炮製，才能確保所有人都知道你有多麼敬業，還不用直接說出「嘿，你們看，我超級努力的」這種話。講這種話只會自毀前程。

以下十一個微妙的技巧，讓你在儘可能保持低調的同時，也維持你所需的高調。

#1: 抱怨自己
收到多少電子郵件

我有大概500封
郵件要讀

喔我大概
有兩倍

你可以抱怨收到太多電子郵件，但永遠別當第一個說出具體數字的人。我有次在休息室抱怨，說我有兩百封未讀郵件，結果被笑到落荒而逃。你應該做的是，先看看其他人有多少未讀電郵，然後再說你有兩倍。這就是你收到的郵件量。

#2: 在你的工作行事曆中，排進一些「私人行程」

當同事看到你的工作行事曆上有好多私人行程時，馬上就會對你的忙碌印象深刻。你是不是在進行一個祕密計畫？還是你在面試另一家公司？現在在他們眼中，你是備受追捧的公司人才，他們都想分一杯羹。

#3: 電腦上的文件
要一直開著

哇，莎拉
還在讀那份文件，
了不起

如果你使用 Google 文件或其他即時協作的應用程式，要確保程式一直開著，表示你還在忙著處理文件——就算你根本沒在看。不管你到底有沒有真的一直在工作，這會給你一個令人敬佩的「日以繼夜」的形象。

#4: 每封電郵都加上「從我的手機傳送」的簽名檔

使用「從我的手機傳送」的簽名檔，就算不是從手機傳送的也沒差。這會讓你看起來總是很忙、很多事要處理，所以根本也沒空注意有沒有打錯字。

#5: 在奇怪的時間分享隨機的想法

4:04 a.m.
我們為什麼不跟某某（競爭對手名稱）一樣那麼做呢？

1:32 a.m.
這案子現在狀況如何？

2:50 a.m.
我對於我們的組織架構突然有些想法

故意在週末和半夜發送電子郵件。大家都會議論紛紛，說你竟然如此敬業，半夜三點還在思考公司的事。

#6: 經常更新自己的行蹤

我上計程車了。

我通過安檢了。

我到門口了，但我要先去洗手間一下。

我在洗手間了。

我在洗手。

我在烘手。

讓大家隨時都知道你人在哪裡——這也包含你的線上狀態，這非常重要。確保你的團隊知道，你和你的工作之間存在著一條虛擬臍帶。這會讓你看起來像是一位團隊隨時需要、不可或缺的人物。

#7: 用數學用詞，
聽起來才聰明

有一種在工作對話中巧妙展現聰明的方法，那就是運用數學用詞。
以下是你可以使用的一些數學用詞，以及該如何使用：

指數級（Exponential）

不要說：「我們的無皂洗手 App 正在快速成長。」

試試看：「我們已經實現指數級的成長。」

正交（Orthogonal）

不要說：「素食午餐跟買更多濃縮咖啡機無關。」

試試看：「這是一個正交問題。」

變化量（Delta）

不要說：「這兩個行銷方案聽起來都不錯，但差別是什麼？」

試試看：「這樣的話，變化量是多少？」

第三象限（Third Quadrant）

不要說：「我們在彭博社收到的這則評論沒什麼好評。」

試試看：「現在是處於第三象限的狀況。」

二元 (Binary)

不要說:「你要嘛會給我們一百萬美元,不然就是不給。」

試試看:「你看,這結果是二元的。」

雙曲線 (Hyperbolic)

不要說:「你會不會太誇張了?」

試試看:「你誇張得像個雙曲線耶?」

無限趨近 (Asymptotic)

不要說:「我們就快賺到錢了,雖然還沒真正實現目標。」

試試看:「我們正在無限趨近於獲利。」

多變量 (Multivariate)

不要說:「我們應該對這些設計進行 a / b 測試。」

試試看:「我們來做一個多變量的測試。」

外推 (Extrapolate)

不要說:「根據三月的數據,四月將會很糟糕。」

試試看:「我可以用外推法知道資金什麼時候會用光。」

空值 (Null)

不要說:「我們這一季付不出你的薪水。」

試試看:「你的薪水是個空值。」

#8: 打開筆記型電腦，帶著到處走

為了讓辦公室的每個人知道，你是個完全不會浪費任何時間的人，打開你的筆電、帶著它走來走去，是個很棒的方法。這也能讓你看起來忙到連停下腳步隨便聊個兩句都沒有空。

#9: 寫電子郵件時，儘量多用縮寫

CIL （直接在正文裡回覆）

（長文請略過）TL;DR

FWIW （不知是否有用，僅供參考）

LGTM （我覺得不錯）

AFAIK （就我所知）

運用首字母縮寫，表示你對於公司的速記法已經運用自如。要是有人看不懂那些縮寫，這絕對是你的好機會，你可以高高在上地解釋給別人聽。每封電子郵件的開頭，都先列點摘要，並標上「TL；DR」（太長了，沒讀）。

#10: 離開公司，
一定要帶著公事包

每天下班要離開的時候，一定要帶著筆記型電腦、公事包，還有那些你能找得到的一切文件和用品。要確保大家都看到你正在收拾東西準備離開，並且會直接回家繼續工作。但其實你只會把東西全部放在車上。

#11: 使用超複雜的
信件自動回覆系統

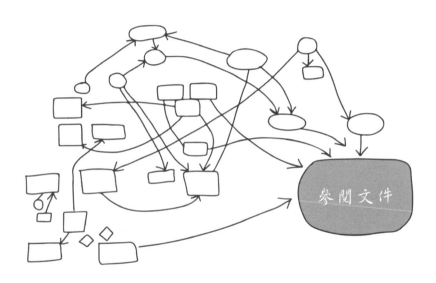

如果你無法回覆電子郵件（就算只是一個小時），請安排一套外出
（Out-of-Office, OOO）用的自動回覆系統，要包括幾個關係人的聯
絡方式，才能掌握你的每一項專案。想要更加分，就另外寫一份完
整的說明文件，詳細交代你手上的案子，還有你的職務代理人。

小 結

要是沒人知道你在拚命工作，那麼拚命工作其實也沒什麼意義。但這也要恰到好處。當別人無可避免地提到了你付出的一切努力時，最重要的在於，要表現得非常訝異，彷彿你從來沒注意到。身為女性，重要的不只是努力工作、展現熱忱，你還要表現得像這些根本沒什麼大不了。如此一來，在你升職時，你的老闆才會感覺自己是在獎勵你的勤奮，但其實他獎勵的是你缺乏企圖心。展現出的企圖心越少，你的路才會走得越遠。

練習：冒名頂替症候群 檢查清單

在工作中玩這個遊戲可能會很嚇人。你也許會覺得自己就像個騙子，感覺像是在表演，而且似乎總是不夠好。幸運的是，感覺自己像個騙子正是遊戲的一部分。這就叫做「冒名頂替症候群」（imposter syndrome），所有最優秀的人都會有的症狀。你也是這樣嗎？症狀和別人一樣嗎？運用下一頁的清單，來檢查一下自己的冒名頂替症候群程度。

冒 名 頂 替 症 候 群

小 測 驗

請 勾 選 符 合 你 的 症 狀

☐ 我配不上自己的成功

　＋ 2 分

☐ 哪來的成功？我這輩子一事無成

　＋ 4 分

☐ 有人批評我時，我知道他們其實是對的

　＋ 2 分

☐ 有人誇獎我時，我都恨不得揍他

　＋ 8 分

☐ 我害怕失敗，但也同樣害怕成功

　＋ 4 分

☐ 一切機會在我看來都像是陷阱

　＋ 6 分

☐ 我的成就有 90％ 靠運氣，另外 10％ 也是運氣

　＋ 8 分

---

30 分以上

我想告訴你，你冒名頂替症候群的程度有多厲害，但我不想揍揍

20-29 分

你的冒名頂替症候群還好，不算厲害，只是還行，已經很完美了

19 分及以下

你需要再加強一下冒名頂替症候群，你對自己太有自信了

特別提示

電子郵件大解剖

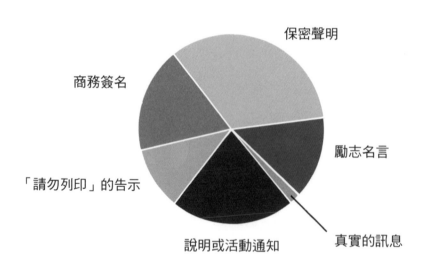

保密聲明

商務簽名

勵志名言

「請勿列印」的告示

真實的訊息

說明或活動通知

特別提示

我為什麼要副本郵件給你

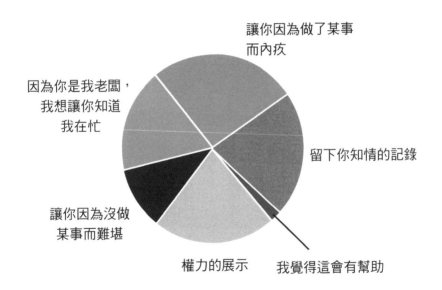

讓你因為做了某事
而內疚

因為你是我老闆，
我想讓你知道
我在忙

留下你知情的記錄

讓你因為沒做
某事而難堪

權力的展示

我覺得這會有幫助

YOU DO YOU!
No
NOT THAT YOU
THE OTHER YOU
THE ONE
PEOPLE LIKE

做你自己！／錯／不是那個你／是另一個／大家喜歡的／這個你

第四章：真實自我

如何在工作中表現「真誠」，又不露出馬腳

所謂的「真誠」，就是要你在工作中展現出真實的自己——除了那些會讓你看起來與眾不同的部分。

關於「真誠」有個常見的誤解，就是以為這代表你要非常「誠實」，但實際上你得拚了命地撒謊，為了帶給團隊和公司更多的好處（對你沒什麼好處）。

本章會提供一些技巧，幫助你在誠實和真誠之間取得平衡。

 年齡

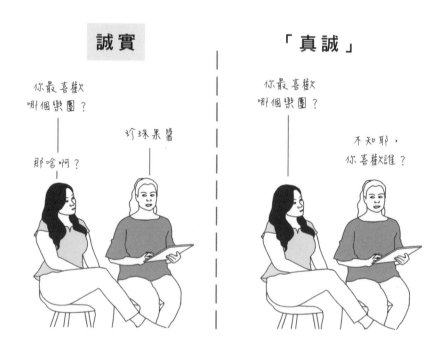

誠實

你最喜歡
哪個樂團？

那啥啊？

珍珠果醬

「真誠」

你最喜歡
哪個樂團？

不知耶，
你喜歡誰？

很多人會掉進為自己的年齡自豪的陷阱。比如分享一些會透露年齡的細節，像是喜歡的流行文化、音樂、藝術或文學等。想避免年齡歧視，那你一定要注意這個大陷阱。你應該做的，就是少聊一些年輕人在聊的話題，然後記得聽珍珠果醬 * 的時候要戴上耳機。

* Pearl Jam，九〇年代早期的搖滾樂團。

家庭計畫

誠實　　　　　　　　　「真誠」

你打算
生更多小孩嗎？

其實
我現在懷孕了！

你打算
生更多小孩嗎？

天哪，
我現在甚至
都不敢想！

跟同事說你未來的家庭計畫是有風險的。要是他們覺得你很快就會休產假，他們可能馬上就會把你排除在之後的案子外。所以要把懷孕這件事當作祕密，直到你的小孩滿十八歲為止。

性取向

誠 實　　　　　　「真 誠」

如果你不是處在傳統關係中，最好儘量保密，這樣你才不會讓同事們尷尬，或者為了回答他們的一些尷尬問題而讓你自己尷尬。

政治話題

誠實　　　　　　　　「真誠」

在工作場合討論政治是一大忌諱，但一定會有人想要聊政治，而且說不定就是那個付你薪水的人。你要想辦法讓自己的回答既不明確又含糊，把尖叫留起來給你的枕頭吧。

心理健康

你或許有躁鬱症、憂鬱症、焦慮症，或其他心理健康問題。你的公司絕對會支持你正視這些問題，而且提供你所需的幫助——只要你永遠不會在工作時發作，而且可以按照時程完成所有工作。

發個人網站

誠實	「真誠」

我找到你的部落格，
裡頭好多東西
都很有趣

是啊，
我喜歡分享
我的想法

我找到你的部落格，
裡頭好多東西
都很有趣

其實
都是虛構的啦

你在工作之餘的時間做什麼是你的事，不過要是被同事看到，那就
會變成大家的事。如果發生這種狀況，一定要想個辦法來好好應對。
當然，打壘球或唱卡拉 OK 這種事無關緊要，但如果你做的事情會
充分表達出你的真實自我，那遲早會讓你沒工作。

信仰

| 誠實 | 「真誠」 |

你怎麼不吃飯？

我正在齋戒

你怎麼不吃飯？

我昨晚吃太飽了

信仰在工作場合上是個棘手話題，尤其是當它會影響你參加團隊午餐、外地團隊訓練或其他出外活動。如果信仰對你的生活至關重要，那你很可能會希望分享看法，但你最好儘量低調，同事們才不會覺得那會影響到你團隊合作的能力。

成癮的壞習慣

誠實	「真誠」

你不喝酒啊？　　我已經戒酒八年了

你不喝酒啊？　　現在還不想喝

節制飲酒是一件值得驕傲的事情——除了在工作場合大家都在喝的時候。大家一起出去喝一杯，你也不想落單，對吧？所以，還是要保留將來「出去喝一杯」的選擇，就算你幾乎沒辦法喝酒。

衝突

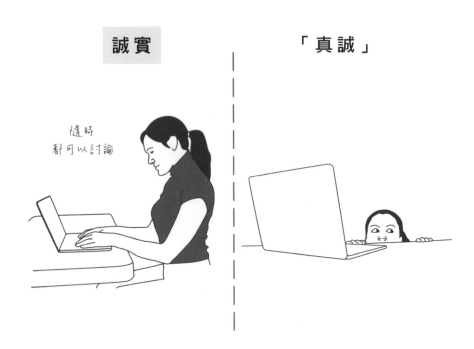

| 誠實 | 「真誠」 |

隨時都可以討論

要是在情感上怎樣都無法躲開同事，至少身體上可以躲開他們吧。

忠於自己

誠實	「真誠」

我想在這
做點自己的事

別人要我做的事我都做，
我甚至不知道自己是誰了

隱藏自我多年之後，你最後會變成你的同事，甚至和他們一模一樣。到了這個時候，你就能真正地表現出「真誠」，因為你已經變成一個完全不同的人了。

小　結

所謂的「真誠」並不是要做真正的你，而是去找一個值得尊敬的成功人士作為範本，然後成為他。直接抄襲頂尖人士的行為舉止、穿著打扮、想法和感受，始終是個安全的選擇。只要你完全變成那樣的人，大家也會把你視為公司的明日之星，前途無量。不過你要是隱藏太多自我，以至於快要搞不清楚自己是誰，建議你花點時間跟家人相處，重新找到自己的立足點。

練習：真正的我

你希望同事知道你的哪些事情？有哪些事，是你不想在工作中隱藏的？把這些事情寫進下一頁的願景板，然後銷毀那一頁！

真正的我

在下面貼上雜誌剪報、圖畫或名言佳句來描述真正的你，
然後把這一頁撕掉，以免被人看到。

特別提示

我如何表達「好」

我很樂意！

我如何表達「不」

好啊。

特別提示

討好者的各種表情

| 快樂 | 無聊 | 生氣 |

| 害怕 | 鬱悶 | 心已死 |

"MAKE SURE THE *World* REMEMBERS YOUR NAME"

—*Unknown*

「一定要讓／全世界／記住／你的名字」／──無名氏

第五章：多樣性

誠實檢視
科技產業的
多樣性

為了提升透明度（並因應日益增加的公眾壓力），我們非常高興發布年度科技多樣性報告，並跟大家分享：我們在僱用各種不同類型的男性方面，大有進展。

員工分析

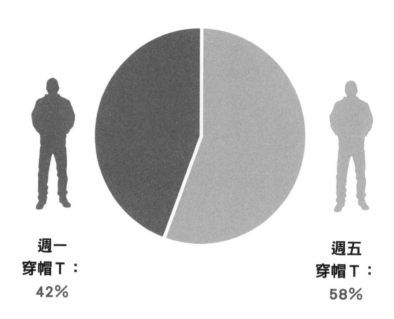

**週一
穿帽 T：**
42%

**週五
穿帽 T：**
58%

說到帽 T 啊，我們公司僱用的人，有的週一穿帽 T，有的週五穿帽
T，我們對這兩個族群一樣歡迎。

員工分析

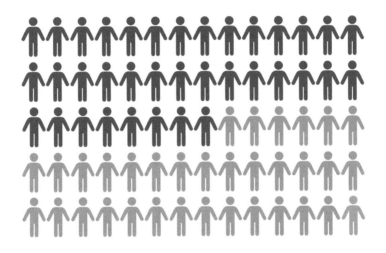

史丹佛
2010 年班：
50%

史丹佛
2011 年班：
48%

其他
2%

我們的員工由史丹佛大學各屆畢業生組成。

僱用標準

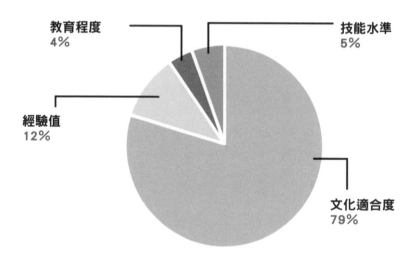

教育程度
4%

技能水準
5%

經驗值
12%

文化適合度
79%

招聘員工時，我們會考慮多種因素，包括：教育、經驗和技能。不
過，到目前為止，最重要的標準是應徵者能否適應我們現有的文化。
有人可能會說，就是因為這樣，所以我們好像只僱用同一種人。但
誰知道咧？

高層領導團隊

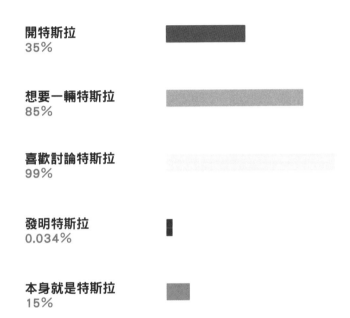

開特斯拉
35%

想要一輛特斯拉
85%

喜歡討論特斯拉
99%

發明特斯拉
0.034%

本身就是特斯拉
15%

我們的多元標準也一樣適用於高層領導團隊。有許多公司到了領導高層方面，多樣性就會減少，但在我們這裡可以看到，大家對於特斯拉汽車有多樣化的看法。

角色分析

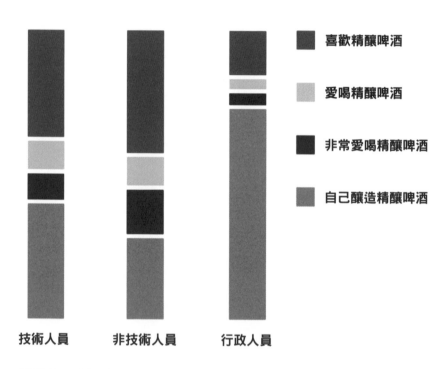

喜歡精釀啤酒

愛喝精釀啤酒

非常愛喝精釀啤酒

自己釀造精釀啤酒

技術人員　　　非技術人員　　　行政人員

即使從大家扮演的角色來看，公司仍然是多元多樣，在喜歡、熱愛、真正熱愛精釀啤酒以及自己釀造手工啤酒，都有廣泛的代表性。

公司氛圍

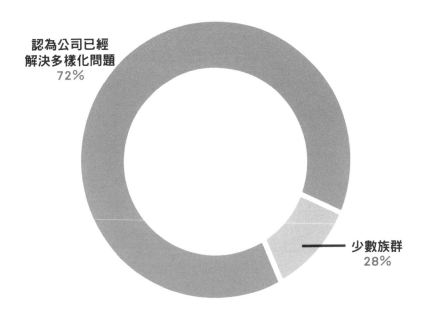

認為公司已經
解決多樣化問題
72%

少數族群
28%

說到多樣化時，認知和現實一樣重要。因此，令人感到非常振奮的
是，大多數人認為我們的多樣化問題基本上已經解決了。

❧ 薪 資 水 準 ❧

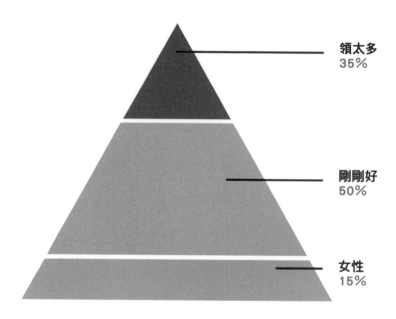

領太多
35%

剛剛好
50%

女性
15%

重要的是，我們每一位員工都同工同酬，此一承諾呈現出公司薪資的廣泛代表性。

包容性

體育活動
20%

喝酒
20%

其他體育活動
20%

繼續喝酒
20%

更多體育活動
20%

喝更多酒
20%

公司員工享受一系列有助於提升團隊精神的活動，豐富我們公司的
多元文化。

性別歧視

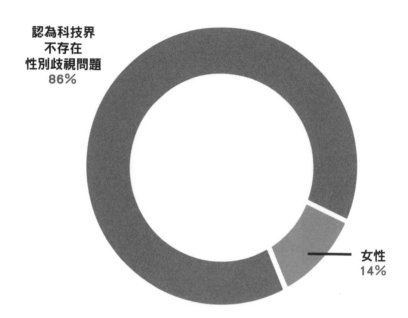

認為科技界
不存在
性別歧視問題
86%

女性
14%

科技產業的性別歧視是個大問題,但令人振奮的是,絕大多數人在日常生活中都沒有碰過這個問題。

我們公司的多樣化委員會

我們繼續以多樣化為首要任務,並且成立多樣化委員會來領導大家,
持續推動這些努力。

小　結

對於過去三個月來在這份多樣化報告上取得的進展，讓我們非常振奮。正如各位所看到的，我們已經獲得很大的進步，但今後還有很長的路要走，我們一定會在下一份報告發布時實現目標。各位如果有什麼回饋或意見，請隨時透過（此處填入電子郵件地址）與我們聯繫。

練習：無意識偏見

無意識偏見會以不同方式影響我們所有人。你是否知道，很多男人只是因為他們的名字，就讓人產生了既定看法？透過下一頁練習表，寫下你認為每個名字會是什麼樣的人，來測試你的無意識偏見。

無 意 識 偏 見

練 習 表

查德
_____

布萊斯
_____

康諾
_____

凱爾
_____

韓特
_____

傑克森
_____

伊森
_____

贊恩
_____

羅根
_____

泰爾
_____

芬恩
_____

山德
_____

賈瑞
_____

尤金
_____

譚納
_____

IF YOU'RE NOT MAKING Mistakes YOU'RE DOING SOMETHING WRONG WHICH MEANS YOU'RE MAKING A MISTAKE WHICH MEANS You're Fine I DON'T KNOW

如果你都不犯錯／那表示你做錯了某些事／這意味著你犯了錯／
又意味著你沒問題／我不知道啦

第六章：領導力

不帶威脅的
女性領導策略

在這個節奏快速的商業世界中，女性領導者需要確保自己溫和低調，不會讓人覺得你咄咄逼人、野心勃勃、精明幹練。要做到這一點的其中一種方法，就是改變你的領導風格，以適應男人的脆弱玻璃心。

男人應該要接受強勢的女人，不要覺得她們帶來威脅嗎？是啊。但這是不是要求太多？是吧？那抱歉，我不是故意要在這裡咄咄逼人。不管怎樣，以下提供十二種不帶威脅性的女性領導策略。

設定截止期限

「威脅」	不帶威脅

在週一之前
完成這件事

你覺得週一之前
完成怎麼樣?

在設定截止期限時,詢問同事對於完成任務的想法,不要只是要求他按時完成。這樣他就不會覺得你在告訴他該做什麼,而是你在乎他的看法。

分享你的想法

「威脅」	不帶威脅
我有個主意	我只是剛好想到

分享你的想法時，過度自信會致命。你不希望男同事覺得你太傲慢吧。所以你要低調一點，只是「剛好想到」、「突然覺得」，或者想要分享一些「愚蠢」、「瘋狂」或「隨便」想到的什麼。

用電子郵件表達請求

在電子郵件中添加驚嘆號和表情符號，看起來就不會太明白或太直接。這種缺乏效率的溝通，會讓你看起來更加平易近人。

你的點子被偷了

<table>
<tr><td>「威脅」</td><td>不帶威脅</td></tr>
</table>

這我剛才
就說過了嘛

謝謝你
把這一點
說明得很清楚

要是有男同事在會議上竊取你的想法，為此感謝他吧。謝謝他清楚
明白地解釋了你的想法。讓我們面對現實吧，如果他剛剛沒有再說
一次的話，也許根本沒人聽到你說什麼。

性別歧視評論

「威脅」	不帶威脅

這麼說不對，
我不喜歡聽到
這種話。

尷尬地笑一下

當你聽到性別歧視的言論時，尷尬地笑一下是關鍵！各位在家裡、跟朋友或家人一起時，也可以對著鏡子練習尷尬地笑一下。確保自己看起來好像真的很高興，就算你心裡幹得要死。

你早就知道了

「威脅」　　　　　　　不帶威脅

這個
我六個月前
就跟你說過了

謝謝你
為我說明
這個

男人最愛解釋東西。當他在解釋某件你早就知道的事時,你可能會忍不住想說「我早就知道了」。但請讓他一遍又一遍地向你解釋。這會讓他覺得自己很有用,也讓你有時間思考以後要怎麼避開他。

發現錯誤

「威脅」	不帶威脅

有些數字
錯了喔！

抱歉，
這些數字這樣對嗎？
我不是 100% 確定欸，
我討厭數字

指出錯誤總是有風險，所以一定要先為發現錯誤道歉，然後讓大家覺得你也不是那麼確定。他們才會欣賞你的「嘿～我又懂什麼了？！」的感性。

要求晉升

「威脅」

不帶威脅

我希望你
考慮讓我晉升

我認為
你應該考慮
讓艾莉森晉升

向主管提出升職要求，可能會讓你顯得看到機會就躍躍欲試，赤裸裸地想要獲得權力。所以，找個男同事為你背書保證吧。讓同事告訴主管，說你很適合那個職位，就算你根本不想要。這樣才能讓你更有可能真正獲得晉升。

被忽視

「威脅」

不好意思！
我可以先
自我介紹一下嗎？

不帶威脅

嗨各位！！😊😊
剛剛沒有機會
自我介紹，
我也參加了剛才的
會議喔！！！😊😊😊

有些時候，不是每個人都會在會議開始時被介紹給大家。即使經常碰上這種情況，也不要認為這是針對你個人，當然也不要蓄意干擾會議進行，要大家停下來聽你的自我介紹。你可以在會後發送一封簡短的電郵，這也是自我介紹的最佳方式，並且不會顯得太過自大。

說話被打斷

「威脅」　　　　　　不帶威脅

可以讓我
把話說完嗎？

當你發言被打斷時，很可能會想繼續說，甚至詢問大家能否讓你把話說完。這時候就進入了危險領域。就停下來別說了。最不費力的方法就是保持沉默。

跟男性合作

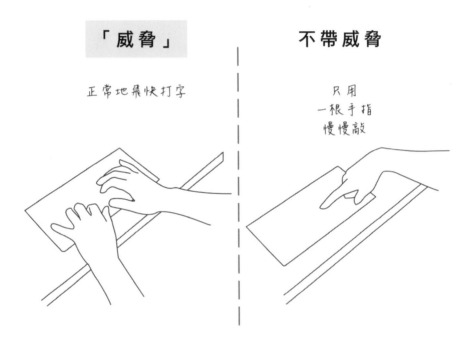

「威脅」	不帶威脅
正常地飛快打字	只用 一根手指 慢慢敲

與男性合作時，只用一根手指慢慢敲鍵盤。能力太強、速度太快都會讓人非常不快。

當你不同意時

「威脅」	不帶威脅

這個策略
不能解決
我們的問題

不對，
可以解決

這個策略
不能解決
我們的問題

喔，好吧

要是別的辦法都無效，你就留把小鬍子，每個人都會覺得你更像個男子漢。這樣一來，就沒有改變領導風格的問題了。事實上，說不定還會更快升遷呢！

小　結

很多女性都已發現無威脅性領導力的神祕力量。我們說是「神祕力量」，是因為沒有人真正知道那是什麼。我們只能把自己的力量隱藏在內心，才不會嚇到別人或讓他們感到害怕。這就是我們成為企業界真正的無名英雄的原因。

練習：我應該說什麼

在我們的工作生涯中，都有過威脅性太過強烈的時候。現在回想一下，並思考在那種時候應該說什麼。

我 應 該 說 什 麼

練習表

我說了什麼	我應該說什麼
其實我可以自己主持簡報	我絕對歡迎你來幫忙，你比我厲害多了

中場休息

當男人喋喋不休時，
這幾頁讓你塗鴉消遣

BREAK

當男生開始說話時，就要讓他們把話說完，這很重要。是的，就算那些話你早就聽過，或者他們所說的根本言不及義，或者顯然沒人在聽，或者他們正在解釋的事情其實自己一點也不了解，或者他們又在說二十分鐘前說過的看法，只是現在用不同的說法一遍又一遍地說著同樣的事情，等等等等。

為了讓各位在這段艱苦難熬的時間保持全神貫注，以下幾頁可以塗鴉打發無聊。

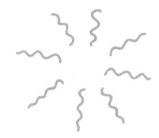

WHATEVER YOU DO

Do it

with

Passion

OR WHATEVER

不管你做什麼／都要帶著／激昂熱情／或隨便什麼都可以啦

第七章：談判

給初學者
的
情感操縱大法

煤氣燈效應（Gaslighting）是一種談判方法，它會讓你覺得自己瘋了，於是變得困惑不堪、對自己充滿不確定，最終同意對方所說的一切。你肯定已經領教過了，只是你可能根本沒有注意到。喔，你有注意到嗎？確定嗎？你知道自己現在在說什麼嗎？你看，我剛剛那樣就是煤氣燈效應。

這套最高機密，跟所有男人開始新工作時受到的訓練一樣。我會讓各位深入了解他們如何使用這些策略，以及有一天如果機會來了，該如何利用這套方法來為自己謀取利益。

有人問問題時，
回問一個相關但簡化的問題

我們要如何衡量參與程度？

顯然會使用電子表格吧

用高高在上的姿態答非所問，你的同事就會覺得他們只是問了一個非常愚蠢的問題，而且不敢再開口詢問其他問題。

碰到不熟悉的話題，
就把它當做不重要，忽略掉！

不要承認你不知道對方在說的是什麼，只要說它跟討論議題無關，
就算它完全有關係。

*KPI：Key Performance Indicators，關鍵績效指標。

下達指示要故意含糊其辭，
然後責怪對方怎麼會聽不懂

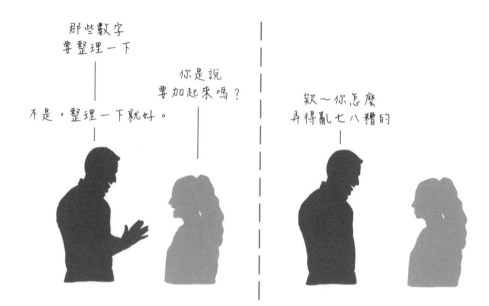

那些數字
要整理一下

你是說
要加起來嗎？

不是，整理一下就好。

欸～你怎麼
弄得亂七八糟的

下達指示要含糊不清、順序錯亂，根本無法遵循，而且絕對不要更正澄清。當同事們不可避免地把事情搞砸時，你就可以怪他們怎麼沒把事情做好。

同事跟你說話時，
你要盯著手機看

繼續說，
我可以一心好幾用

當同事開始說話時，拿出你的手機開始滑網站。也許可以再大聲笑
個幾次。這會讓你的同事覺得他們在說的事情一點都不重要。

當同事抱怨某事時，
提出他們真正應該抱怨的其他事

當你的同事抱怨某事時，提出一些跟現在完全無關，卻又是他們應該抱怨的事情。等他們抱怨的事情真的成為問題時，再問他們為什麼不早點講。

就算沒得到解答，
也要說問題已經有答案

那麼我們的
內容策略是什麼？

我很確定
我們已經回答這個問題了，
所以繼續討論下一個吧

讓同事感到瘋狂的最簡單方法之一，就是讓他們覺得自己對於討論
毫無貢獻，並且用「這問題早就討論過了」的態度回應他們說的每
句話。

把對方的發言重新改編，說成完全不同的東西

如果把登錄流程倒過來，我們就會流失訂戶

所以你是說我們應該把登錄流程倒過來

把你同事說的話，改成完全不同的意思。這會讓他們感覺無法清晰溝通。當他們試圖糾正你時，就建議他們去參加溝通培訓課程。

有人提出好點子時，
假裝質疑對方的想法太瘋狂，
再偷偷當成是自己的想法

我們應該
重新設計
廣告系統

這太難了，
會永遠搞不定

也許我們應該
重新設計
廣告系統

私底下都說對方的想法太荒謬或太複雜，然後再提出相同的點子當作是你自己的想法。如果有人對此提出質疑，只要說你不明白他們在說什麼，並且建議他們去參加溝通培訓課程。

先扼殺對方的想法，然後在專案失敗時指責對方為何不試試看

否決對方想法的關鍵，就是完全忘記當初否決的人就是你。最後要提醒同事，說他們應該嘗試那個想法，就好像沒有嘗試全都是他們的錯。要是對方提醒你，當初否決的人就是你，你就說要是他們真的相信那個點子有用，當時就應該要堅持到底嘛。

當你不同意某個意見，
就拖全部人下水

如果某同事提出你不同意的觀點，就用「沒人會這麼想」來否定他。
反之，要是有人不同意你的觀點，就說大家都會同意你的想法。而
且還要跟他說，不要只根據一個人的想法來做決定（除非那個人就
是你！）。

小　結

受到情感操縱時，有件事要銘記在心：越少反抗、越早接受，你就顯得越不瘋狂。在某一刻，你會意識到自己並沒有發瘋。然後你就能指出，自己提出的問題完全有理有據，或者會議中的每個人其實都跟你一樣困惑。但最好還是採取謹慎的方式，比如一張匿名的賀卡，或是用奶油乳酪潦草地寫在情感操縱者的貝果上。

練習：防衛情感操縱

當你受到情感操縱時，可能會需要一些自我肯定的思考。這些想法會幫助你保持理智，但絕對不要大聲說出來，否則會顯得太有威脅性。利用下一頁的練習表，將這些想法附加在某些想法上，這會幫助你默默接受情感操縱。

防 衛 情 感 操 縱

練習表

我的意見沒錯　但我自己知道就好

我有權利過問此事　但我等一下再問別人就好

我沒有發瘋　不過要是再講下去可能就像在發瘋

不是只有我感覺這樣　但無所謂啦

這聽起來不合理

我知道自己在說什麼

大家都要聽我說

我知道自己沒記錯

我又不是在講外星文

我知道他有聽到我說的

我知道我是對的

我知道自己在做什麼

我剛剛就已經說出答案了嘛

這麼做不對

我說的是對的

在你／沒有出席／的社交活動／你的存活率是／ 100%

如何應付騷擾，又不會讓他丟工作

職場性騷擾是嚴重的犯罪行為，絕對不容姑息，除非騷擾者明顯是在開玩笑，而你也正需要放輕鬆。

為了建立無後顧之憂的環境，以下有一些建議，可以讓大家在避免舉報性騷擾的同時，又能為你自己、你的公司，尤其是騷擾者的職業生涯，避開很多不必要的痛苦。

了解性騷擾的循環

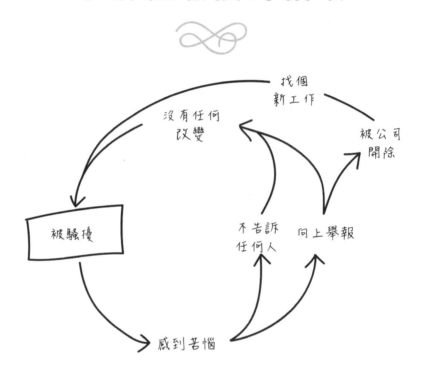

有些人可能會說，被騷擾這種事發生一次就夠了，但事實上這會讓我們的產業陷入停滯。所以在你考慮採取任何措施之前，請確保自己已經經歷過好幾次這種循環。

認清騷擾應該由誰負責

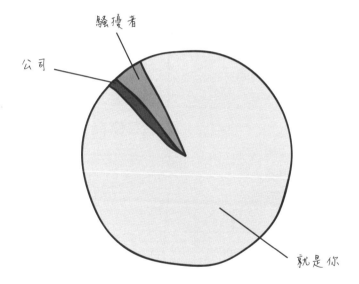

知道誰該負責，對我們來說非常重要，尤其是你該負的責任。

保護你自己

要保護自己免受騷擾，
先了解哪裡該去、哪裡不該去。

辦公室小隔間：不要在辦公桌前待太久，不然可能會成為被人按摩的目標。

列印機：試試讓影印機成為站立式的辦公桌，這樣你就可以一直待在大家都看得到的地方。

休息室：去休息室要速戰速決，才不會被人困在那裡。

會議室：謝天謝地，在大型會議室中，通常只會碰到輕微的冒犯。

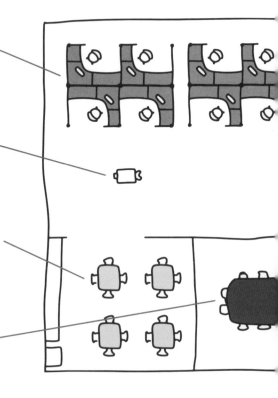

廁所：最裡面那間是安全的地方，適合躲起來和哭一下。

接待櫃台：這裡一定有可靠的目擊者（除非接待員就是你本人）。

儲藏室：絕對不要跟肯尼一起進去儲藏室。他會說他在找一個塞子，但那裡頭根本沒有什麼塞子，我甚至認為他其實已經不在這兒工作了。

公司外：在公司外最適合跟你的團隊一起喝一杯，並透過反覆發生的騷擾行為來建立關係。

應付騷擾工具包

以下是應對清單，供各位隨身攜帶，
可以應對日常可能遇到的身體騷擾。

密集目光接觸
如果你感受到了密集的目光接
觸，就瞪著騷擾者發起一場凝
視比賽，把這當做一個好玩的
遊戲，讓他快速獲勝，這樣你
就可以離開辦公室了。

觸摸臉頰
或許有人會過來摸你的臉，讓
你覺得毛骨悚然。此時最好的
反應是笑著把頭向後仰，但要
小心扭傷脖子。

嗅聞頭髮
要是有人未經同意，就湊過來
聞、摸你的頭髮，你可以輕輕
地把那個人推開，順便把頭轉
向另一方大笑。

頸部和肩膀
你不需要的頸部或肩膀按摩？
各位只要聳起肩膀，避開你不
需要的按摩，同時說你上週末
才剛去按摩過。

抓住手肘
如果有人想抓住你的手肘,此時請拿出手機,就有藉口把手肘移開。

握住手
如果有人想握你的手,直接把手抽開,笑著說自己的手總是出汗。

抓背
面對別人抓背,趁勢大笑挺直身體,避開碰觸。

扶腰
如果有人要扶你的腰,可以扭動身體遠離鹹豬手,同時假裝向同事表演最新舞步。

拍屁股
有人拍你屁股,可以輕聲淺笑,或許再大聲說「嘿!」同時甩開那隻手,而且心裡記住:以後永遠不要跟這個人獨處。

膝蓋推擠
如果有人往你的膝蓋擠,記住你剛好還有另一個會議要開,然後迅速離開那裡。

大腿磨擦
如果有人用他的大腿磨擦你的大腿,你就開始無法控制地咳嗽,說你肯定是被什麼傳染了,再加一聲淺笑。

伸腳勾搭
如果有人在會議室桌子下勾搭你的腳,你就找藉口說你的新鞋有多難穿,然後換個位置。

不要被績優員工騷擾

既然他表現這麼好，
我們也沒辦法

為了幫公司節省大量時間和金錢，有一種辦法是，自己先欣然同意不被績優員工或備受尊敬的前輩騷擾。在這種事發生在你身上之前，要先想想公司的處境。

騷擾後果
與工作績效直接相關

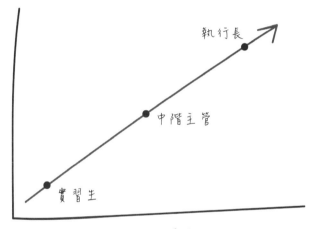

騷擾者的
工作表現

執行長

中階主管

實習生

可逃脫的性騷擾嚴重程度

職位越高，騷擾就需要越嚴重，我們才會勉強承認，然後譴責你讓這種事情發生。

那 真 的 是 騷 擾 嗎 ？

很多時候，我們以為自己受到了騷擾，但實際上並沒有。
以下是騷擾與非騷擾的一些例子：

騷　擾	非騷擾
不想要的觸摸	非必要但無害的觸摸，只是表示勉勵和支持
不恰當的暱稱	暱稱雖然不恰當，但準確且／或非常有趣
長時間凝視	因為你今天上衣特別鮮豔，所以一直盯著你看
暗示性的電子郵件	以笑臉符號結尾的暗示性電子郵件

騷 擾	非騷擾
把同事拿來跟脫衣舞孃比較	小聲說同事像脫衣舞孃， 但不被那個人聽到
散播某同事的謠言	散播某同事的謠言， 反正他快辭職了
多次要求約會	反覆要求約會， 因為你沒有 強硬地拒絕
對身材或衣著 發表猥瑣的評論	對別人的身材或衣著 發表猥瑣的評論， 同時邀請大家 也對他的身材 或衣著發表評論
暴露身體部位	「不小心」暴露身體部位
要求性招待 以換取職涯發展	要求性招待 以換取職涯發展， 而他是你的指導人

收集證據，然後留給自己

螢幕截圖
照片
錄音

目擊者
耳聞者
其他受害者

影片
語音檔
電子郵件

即時通訊
文件檔
電子表格
口供文件

如果你認為，自己確實受到了性騷擾，請儘量收集證據。然後自己保留著，或是偷偷跟別人分享。不過請注意，要是我們發現你有收集性騷擾證據的證據，你可能會因為收集那些證據而受到譴責。

靈活地做出必要的改變

各位一旦舉報了騷擾，就要學會靈活地更換職位、辦公桌、辦公室、專案項目、團隊、公司，甚至是行業。

小　結

談到性騷擾，如果你得在「做正確的事」和「保持冷靜」之間做出選擇，一定要選擇保持冷靜。問問自己，怎樣才能把個人安全丟到一邊，創造出一個更有趣的工作環境？最後，要是你真的舉報了性騷擾，請做好對騷擾者的行為承擔全部責任的準備。這不是在檢討受害者，因為你不是受害者，你是倖存者。這是在檢討倖存者。

練習：性騷擾日誌

當你受到騷擾時，持續記錄並沒有錯——如果可以讓騷擾者和公司的任何不當行為脫罪的話。運用這套練習來記錄你經歷過的性騷擾，再把它歸類成只是一個玩笑，一切都只是為了好玩，或任何他們說的亂七八糟藉口。

性 騷 擾

日 誌

事實狀況

描述事件經過，然後把它歸類成只是開玩笑，
只是胡鬧好玩，或者是其他任何藉口。

事實狀況	只是開玩笑	只是胡鬧好玩	其他任何藉口

特別提示

績效評估鬼扯錄

工作賣力 ＝ 從來沒完成任何事

態度良好 ＝ 可能在嗑藥

善於溝通 ＝ 不要一直寄電子郵件給我啦

有創意的問題解決者 ＝ 只會製造一堆問題

合作無間 ＝ 讓別人做他的工作

結果導向 ＝ 碰到問題就叫你先扛著

卓越的時間管理技巧 ＝ 利用開會時查看電子郵件

熱情激昂 ＝ 整天打斷我發言

注重細節 ＝ 不曉得我們這裡都在幹嘛

精確守時 ＝ 每天準時五點下班

特 別 提 示

誠 實 的 開 會 議 程

2:00 PM 還沒有人進來

2:02 PM 有人進來又離開，
因為裡頭沒人

2:06 PM 除了「重要人物」之外，所有人都來了

2:07 PM 重要人物出現並為遲到道歉，
然後抱怨沒有議程

2:08–2:15 PM 嘗試讓簡報正常運作

2:16–2:17 PM 叫某人快把手機調靜音

2:18–2:27 PM 嘗試理解這次會議的重點

2:28 PM 又有人進來問剛才說了什麼

2:29 PM 重要人物沒解釋就先走了

2:30 PM 會議中止，有人建議擇日再開

EVERYONE HAS THEIR
OWN PATH
Never Compare
YOURSELF TO OTHERS WHO ARE
Younger, Better Looking
Richer, Smarter
AND MORE
AWESOME THAN YOU

每個人都有／自己的路要走／絕對不要跟那些／比你更年輕／
更好看、更富有／更聰明、更厲害的人／做比較

第九章：成功

選擇人生道路：
你想受人喜愛，
還是功成名就？

海莉·史考特（Halee Gray Scott）在她的著作《勇敢做大事》（*Dare Mighty Things*）中，指出了所有女性領導者必須面對的矛盾困境：「想要成功，你必須受到大家的喜愛；但要受到大家的喜愛，你必須壓制自己的成功。」

在這一章中，你可以探索自己傾向於做出什麼抉擇，弄清楚自己最後是想要成功還是受人喜愛，因為很不幸地，魚與熊掌不可兼得。各位準備好迎接一生難忘的冒險了嗎？但其實只是接下來的兩分鐘啦。讓我們開始吧！

出現職務空缺，
是你帶領自己團隊的好機會。
這時候你會：

A

去找你的主管，希望高層考慮
讓你擔任那個職位

前往 145 頁

B

表現得像是你不想要那個職位，
就算你真的很想要

前往 146 頁

你主管認為升職的可能性不大，但叫你無論如何都要爭取一下。這時你會：

A

收集大量建議，寫一份冗長且嚴密的自我評估

前往 147 頁

B

開始申請職位，但中途放棄，因為不管怎樣大概也沒希望

前往 146 頁

吉姆獲得了那個職位，現在他是你的上司，常常過來問你有什麼建議。這時你會：

A

給他超棒又有用的建議，儘可能彌補他的不足

前往 148 頁

B

完全不想幫他

前往 149 頁

你獲得了晉升！
但你的團隊對此不太高興。
這時你會：

A

叫他們忍著吧

前往 150 頁

B

低調淡化權威感，好讓自己看
起來不像個真正的負責人

前往 152 頁

現在你基本上是在幫吉姆做他的工作，不過你沒有因此加薪。
這時你會：

A

決定加入不同團隊，即使降級錄用也沒關係

前往 152 頁

B

去找吉姆的老闆告狀

前往 151 頁

吉姆做得不太好，慘遭降級。
現在你能替補他的職位。
這時你會：

A

接下職位，被當成吉姆離開公司的理由

前往 153 頁

B

拒絕職位，避免惹事生非

前往 152 頁

團隊中某個成員每次都會暗中搞你，而且明顯盯上你的位子。
這時你會：

A

想辦法除掉他

前往 153 頁

B

休假，讓那個人搶走你的位子

前往 152 頁

你上司的老闆不想你離開，所以讓你加薪。吉姆現在對你很不爽。這時你會：

A

決定加入別的團隊，爭取更高
職層

前往 153 頁

B

退一步海闊天空，所有的功勞
都讓給吉姆

前往 152 頁

你很討人喜歡！

你犧牲事業，保住了人際關係，現在你可以放心地說，你有很多朋友，大家都願意幫你搬進更便宜的公寓。

你會成功！

你努力工作爭取成就，你應該為自己的成功感到自豪，即使這表示沒人陪你在吃午餐時閒聊，或告訴你他們真正的想法。

小　結

大家可能都會經歷不同的階段，有的比較成功但不討人喜歡，有的討人喜歡但事業普普通通，也有的既不討人喜歡也不成功。但如果有一天你一覺醒來，突然不再關心自己是否討人喜歡或足夠成功，那麼這一天的你，就是最成功又最討人喜歡的，至少對你自己而言是如此。

練習：存在主義組織結構圖

要控制自己對於權力的欲望，有一種方法是提醒自己還有很多更重要的事情，例如受人喜愛、不冒犯任何人、在那些缺乏安全感的男人面前要表現得更漂亮更吸引人等等。把這些都寫在下一頁的存在主義組織結構圖。

存 在 主 義

組 織 結 構 圖

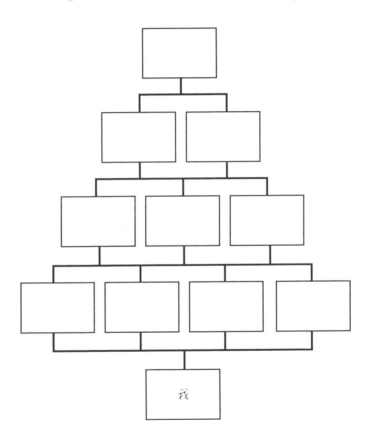

START EACH DAY

≥ WITH A ≤

Positive

Thought

SUCH AS

I'm going back to

BED NOW

每一天／都帶著／正面思考／醒來／例如／我準備再去／睡個回籠覺

男性的
成就貼紙

在溫和追求平等權利的過程中，我們必須找到盟友。對於不具備威脅性的女性來說，建立同盟夥伴的最佳途徑，就是透過正增強作用。這表示你要避免指出男性做的那些腦殘愚蠢的事情，只對他們做對的事情給予充分讚揚。是的，即使他們做對的事情，只算是做人的基本禮儀而已。

各位小姐女士，面對現實吧，我們該知足。因此，就用這些男性成就貼紙來大肆慶祝人性的基本尊嚴吧，就像沒有明天一樣。

在會議中／發言低於／95%

把女人／當人看

只說／唉～其實呢／一次

對誰都／不露出／我的 GG

從輕微流感中／僥倖生存

罵一個混蛋／是個混蛋

不要提議／公司聚會去／
脫衣舞俱樂部

保持氣氛不低於／ 16 °C

會考慮到／性別歧視／
存在的可能性

少為垃圾朋友／找一個藉口

儘量減少／擊掌叫好

阻止自己／拚命解釋／不懂的事

在打斷女同事發言之前╱
願意多等一分鐘

不會把看顧自己小孩╱
說成是在「當保姆」

讓別人╱把最後一句話╱說完

懷疑這也許……╱
不是在說我吧？

小　結

如果你發現某個男人有幸收到所有這些貼紙，請注意，他可能是個女人。或者機器人。或者外星人。

練習：最佳讚美追蹤器

男人總是會給予最棒的讚美，不是嗎？運用下一頁的日誌，來記錄自己最愛的讚美，以及哪個讚美讓你覺得最特別。

最佳讚美

追蹤器

哇，你看起來一點都不像工程師！

你聰明又漂亮！

聰明的女孩！

我們需要更多像你這樣的女人！

你太漂亮了，真是大材小用！

能在孩子和工作之間保持平衡，你太厲害了！

特別提示

電子郵件賓果

「希望你一切安好」	「抱歉耽擱了」	「我現在才看到這個」	「現在還需要嗎？」	「撞期」
「祝你星期X快樂」	天氣	全部用大寫	粗體字	忘記要附件
被動攻擊式的評論	不必要的表情符號	不在：自動回覆	「有個小問題」	「簡單更新一下」
「只是確認一下」	「只是要了解進度」	「打電話聊聊會更好嗎？」	「先謝了」	「請不要全員回覆」
「祝好」	「祝順利」	「謝謝您」	「從我的iPhone傳送」	免責聲明比電郵本身還長

特別提示

隨著時間推移的專注力

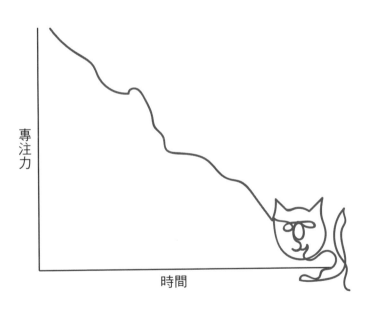

YOUR IMPOSTER SYNDROME WILL NEVER Be good enough

你的／冒名頂替／症候群／永遠／不夠好

第十一章：創業精神

給超酷女老闆的
完美募資簡報

身為一位女性企業家，很不幸地，你已經超出了無威脅性的女性該有的標準了。雖然你現在無法擺脫這個「有威脅性」的標籤，但還是可以透過提前思考，牢記作為一位經營自己公司的女性會面臨的各種雙重標準，來減輕一些不良的影響。

為了避免出現一些愚蠢的狀況，要確保你的募資簡報無懈可擊。你的任何募資簡報，都應該包含以下十張投影片。

關於創辦人

馬琳‧史蒂文斯，媽媽創業家

想減輕身為一個強勢女性的痛苦，有個絕佳的方法，就是給自己一個可愛又女性化的頭銜，提醒各位投資者：沒錯，你是一名領導者，但同時也是一名女性。以下選項可供參考：

- 女老闆
- 老闆娘
- 執行姐
- 企業美嬌娘

- 家長創業家
- 媽媽創業家
- 女性創業家
- 雌激素創業家

我為什麼要副本郵件給你

萊恩‧阿奇拔，男性共同創辦人（白人）

投資人想弄清楚到底是投資什麼時，都會遵循一些模式，其中一種模式就是認為，最成功的執行長們都是白人男性。幫自己編造一個假的白人男性共同創辦人，可以迎合這種思考模式，也能為你的經營理念帶來合法性。* 除了進行簡報會議之外，當你想要別人認真回覆你的電子郵件時，就可以請出那個假創辦人來代你發言。

* 參見藝術展售網頁 Witchsy 的創辦人潘妮洛普‧加辛（Penelope Gazin）和凱特‧德懷爾（Kate Dwyer）。Witchsy 在引進了一位男性股東基思‧曼（Keith Mann）後，引起了轟動。但實際上這人根本不存在，是創辦人編出來的。

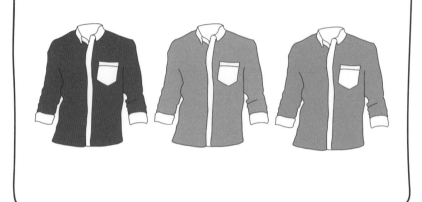

我的產品：
給矮、胖、普通男性的完美襯衫

確定你的產品是潛在投資者可以親自想像使用情況的產品，否則他們看不出任何價值。雖然女性人口占一半，但請記住，任何針對女性的產品都會被視為小眾市場。

你太太對我產品的看法

「我喜歡!」

——茱莉亞,你的太太

如果你的產品不是針對男性,那就確保投資人可以想像他們的媽媽、女友、太太、祕書或小三願意使用。所以在募資簡報之前,要是能收集到這些女性中的任何一位來認可你的產品,必定大有加分,也能在投資人覺得不得不去諮詢她們的意見時,省下一些時間。

由於你的男性共同創辦人是虛構的，因此不在身邊，所以如果沒有用資料數據來支持每個字，你無法馬上掰出那麼多話來。因此要拿出資料轟死那些投資人，讓他們因為想攻你個措手不及而腦子超載。

這 一 張 簡 報
刻 意 留 白
讓 你 有 時 間
向 我 解 釋 我 的 生 意

不過還是要準備好，聽他們跟你解釋你在做什麼生意，並且完全忽略你剛剛提供的所有資料。

投 資 ： 2 5 萬 美 元

$125,000: 電子商務後端及應用程式

$50,000: 人事行政

$25,000: 行銷規畫

$20,000: 辦公室及設備

$15,000: 人才招募

$10,000: 銷售通路

$4,000: 總務支援

$1,000: 倉儲管理

雖然男性創辦人會走進來要求支用三百萬美元去買「禮品或其他東西」，但不要指望他也會信任你支用三百萬來幹嘛。所以，一定要詳細說明那筆錢到底會如何分配支用，而且絕對沒有要拿來買什麼禮品。

我資料上的資料

我已婚

房子是租的，不是買的

是的，我先生也有一份正職

是的，這就是我的正職

我是一半葡萄牙人一半猶太人

我沒有口音

謝謝，這裙子是在梅西百貨買的

我的孩子在米德蘭中學就讀

準備好回答關於你的出身背景、個人歷史、外貌、丈夫、孩子、社交生活和你的狗等等不相關的問題。也要準備好隨時都可以假笑，來應付那些你會一遍又一遍聽到的典型男性冷笑話。

安全的午餐和晚餐會議

投資人對於跟女性創辦人一起吃午餐、晚餐或喝酒通常抱持謹慎態度，即使他們很樂意跟男性創辦人做一模一樣的事。為了讓他們免於承擔被指控性騷擾的風險，你可以主動提議，要待在塑膠泡泡中參與辦公室外的會議。

你的投資組合

投資方總是會想方設法，讓自己看起來很關心企業經營的多元化，所以要給他們在網站上推廣你的機會，作為每季跟你開一次會並提出一些完全沒屁用的建議的回報。這可以讓他們因為跟各種創業者合作而提升企業的能見度，卻又不必真的投資你的公司——這可是一個絕佳的賣點。

小　結

如果你能準確預測投資人的需求，他們就更容易做出投資你的決定。而且，要是你能比你的投資人領先一步，你離那些男性創業家就只差四十九步了。

練習：用運動來比喻 練習表

如果你身處任何男性主導的商業環境，就很有可能會聽到很多拿運動來比喻的例子。務必保持你的敏銳度，並且了解這些流行的比喻是從哪來的。但別想用任何跟運動無關、男性又無法理解的比喻，這會嚴重激怒他們。

運 動 比 喻

練習表

不追冰球，而是滑到他前方　　　　　　　　　　冰上曲棍球
（Skate to where the puck's going to be）
主場優勢
　　　　　　　　　　　　　　　　　　　　　　美式足球
全場緊迫戰術

球在他們手上　　　　　　　　　　　　　　　　　棒球
（The ball's in their court）
即時改變戰術　　　　　　　　　　　　　　　　　賽馬
（Call an audible）
擊倒讀秒

賽馬終線前　　　　　　　　　　　　　　　　　　高爾夫
（Under the wire）
場外全壘打
　　　　　　　　　　　　　　　　　　　　　　　跑步
移動球門柱，改變條件
（Move the goal posts）
灌籃　　　　　　　　　　　　　　　　　　　　　摔角

全力一揮
　　　　　　　　　　　　　　　　　　　　　　　網球
抄捷徑作弊
（Pulling a Rosie Rui）
在標準桿內　　　　　　　　　　　　　　　　　　籃球

地面殊死戰　　　　　　　　　　　　　　　　　　拳擊
（Go to the mat）
無規則摔角

四分衛的後見之明　　　　　　　　　　　　　　　足球
（Monday-morning quarterback）

特別提示

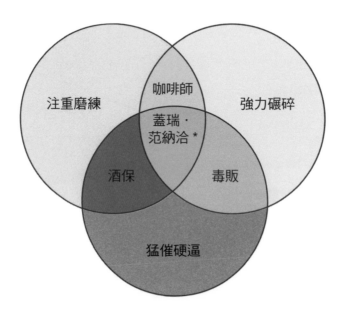

注重磨練

強力碾碎

咖啡師

蓋瑞·
范納洽 *

酒保

毒販

猛催硬逼

---

* Gary Vaynerchuk，美國創業家，著有《衝了！》（*Crush It!*）一書。（強力碾碎原文
同為 crush it）

特別提示

學步嬰兒 vs. 企業執行長

學步嬰兒		企業執行長
✓	只要開口說話就被當寶	✓
✓	使用特殊的虛構用詞	✓
✓	要求你放下一切先做某事，五分鐘後又改變主意	✓
✓	沒得到想要的東西就發脾氣	✓
✓	會給你完全不合理的答案	✓
✓	完全沉迷在一些無足輕重的小事上	✓
✓	收集昂貴的玩具然後迅速丟棄	✓
✓	打斷每次對話，分享一些毫不相干的想法	✓
✓	最喜歡在休假時找你	✗

REWARD YOURSELF

FOR ONLY

Eating

HALF THE COOKIE

By eating the

OTHER HALF

OF THE COOKIE

為了獎勵自己／只吃掉／半塊餅乾／所以我要／再吃掉／另外半塊／餅乾

第十二章：自我照顧

如何一邊放鬆，
一邊給自己壓力

個人時間。沒聽說過嗎？我也是。根本沒那種東西。不過不管怎樣，我們都試圖讓它存在，並透過各種努力強迫自己放鬆，儘管光是要放鬆的想法就已經讓人壓力大到快受不了。

以下有一些放鬆的好方法，可以讓你在放鬆的同時做你該做的事，也就是擔心自己是不是應該做點什麼。

自我照顧點子 #1
針灸治療的同時，
邊思考買針來自己插
是否一樣有效

適用於：

某男同事晚輩比你更快升職時

一邊冥想，
一邊反覆回想
昨天那場簡報災難

為什麼
我要一直講
「其實」

適用於：

發現老闆在你簡報時睡著了

自我照顧點子 #3
待在家裡充電和放鬆，
結果忍不住
清理整個房子

我一直在刷
同一個地方

適用於：

你的同事寫了一份「女性在生理上不適合她們的工作」的宣言

自我照顧點子 #4

以胎兒姿勢前後搖晃，
同時想像如果同事看到
你這個樣子會怎樣

我會說
這是我即興表演課
的一部分

適用於：

某個同事搞砸了你的會議，而你現在又不敢安排新的會議來討論上
次該討論的內容

自我照顧點子 #5
把所有毯子和枕頭堆到沙發上，再泡一杯你從來不喝的茶

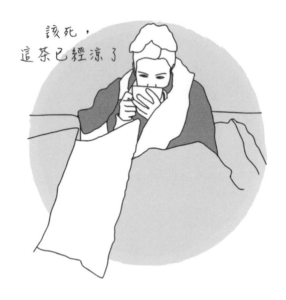

該死，
這茶已經涼了

適用於：

你發現按照目前這種進度，你幹到九十歲都無法退休

自我照顧點子 #6

在成人著色書上塗鴉，
想想自己若是一位藝術家，
可以擁有多麼讓人讚嘆的職涯

適用於：

你的指導人不回你電話

自我照顧點子 #7
決定在淋浴時多花一分鐘，
然後把時間浪費在
為浪費水而內疚

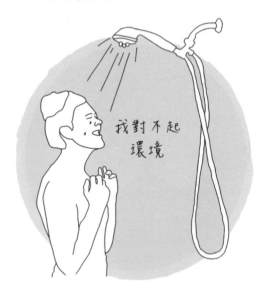

適用於：

熬夜寫了一封電子郵件，最後又決定不發出去

嗑光一整碗義大利麵，
在細細品嚐的同時
計算每一口的熱量

562, 662...

762,
862, 962..

適用於：

看到一張自己十年前的照片，而你完全搞不懂那時候都在幹嘛

自我照顧點子 #9

在網路上看小貓照片，
然後是小水獺、小象、小狗，
然後又繼續看小貓

嗅～～～

適用於：

剛剛在網上花了六個小時，拿自己跟一些更年輕、更成功的女性做
比較

自我照顧點子 #10

辭掉工作、剪掉頭髮、
改名字，
到希臘去永遠別再回來

我可以
一走了之

適用於：

你想通了

小　結

有個想法可以讓我冷靜下來：不管我選擇哪一種自我照顧的方式，當我做完之後，那些我擔心的事情還是一樣存在。

練習：每日道歉清單

為一切事情道歉的感覺很好，你不覺得嗎？這樣就絕對不會有道太多歉的問題了。下一頁的清單可以幫你記錄，今天還有哪些事情可以道歉。

每日道歉
清單

對不起啦，我……

- [ ] 太晚回覆了
- [ ] 太早回覆了
- [ ] 剛戴著耳機
- [ ] 剛被打斷了
- [ ] 剛盯著貝果看
- [ ] 說話太小聲
- [ ] 一直在講話
- [ ] 被石頭絆倒了（對石頭說）
- [ ] 講太多了
- [ ] 說太少了
- [ ] 太愛吃了
- [ ] 提出了問題
- [ ] 被誤導了
- [ ] 太挑嘴了
- [ ] 想要的太多了
- [ ] 有人占了我的位子

- [ ] 說了對不起
- [ ] 要求了回報
- [ ] 剛好撞見了……
- [ ] 坐在這張椅子上
- [ ] 占用了空間
- [ ] 需要別人的幫忙
- [ ] 多管閒事
- [ ] 走路太大聲了
- [ ] 走太快了
- [ ] 走太慢了
- [ ] 吃東西太大聲了
- [ ] 知道自己在幹嘛
- [ ] 別人的錯
- [ ] 為自己感到驕傲
- [ ] 分享了我的想法
- [ ] 太成功了

特別提示

星期五

星期日

特別提示

星 期 日

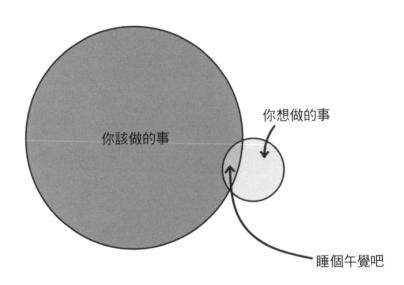

結語

造成
威脅

當我告訴男性這本書的書名時，他們的反應分成三種：

1 那些真的被書名傷到的男性覺得相當不悅。他們覺得這
   就是性別歧視，很粗魯不友善，咄咄逼人，而且大錯特
   錯。他們覺得自己受到了攻擊。我怎麼膽敢期望自己做
   的任何事，能穿透他們堅不可摧的無情堡壘呢！這些男
   人永遠不會、也永遠不能被一個成功的女人嚇倒，而我
   提出的任何建議都是一派胡言。

   我想在此對這些男人道歉，因為我的建議這麼具
   有威脅性，他們才會感受到我的威脅。

2 那些確實被傷到，但又不想表現出來的男性，他們會安靜下來或陷入沉思，然後轉移話題。他們一開始就知道，這本書不是他們會讀的，因為它以他們自己都無法承認的方式，傷害了他們的感情。

我也要跟這些男人道歉，因為我強迫他們面對了和帶有威脅性的女性之間，令人不舒服的關係。

3 另外還有一些沒有因此被傷到的男性，他們聽到這個書名就笑了。他們笑完之後，會會意地點頭，或露出希望我再多說一些的微笑。不僅如此，他們甚至也想讀這本書，即使這書名很討人厭！我想，他們會讀我這本書的，就像我讀過的那些不像是為男性而寫，但的的確確是為男性寫的書一樣。

雖然這些男人不需要，但我還是想跟他們道個歉，因為我不得不顧慮另外兩種男人。

不過你知道最離譜的是什麼嗎？

我原本是打算為女性寫一本書，最後卻極度害怕男性會怎麼想，還想像了每一種可能發生的狀況。

我腦子裡都是這些想像中的場景和那些想像中的男人，簡直沒有空間來思考其他事情。

但這終究是我寫這本書的初衷。

這本書當然不是給男人看的。這個書名跟我們帶給男性的感受也沒有多大關係。相反的，這說的是我們認為自己讓男人產生了什麼感受，以及我們為了讓他們有或沒有某種感受而飽受折磨，搞得好像這才是我們應該關心的首要問題似的。

那麼，我們該如何在不傷害男人情感的狀況下取得成功呢？你不必知道。不管男人的情感會不會受到傷害，你都會成功，因為會不會受傷實際上是他們的事，不是你的事。

也許他們很有安全感，也許沒有。也許有些人是帶有性別歧視的混蛋，也許有些人不是。也許他們會阻礙你走向成功，更也許他們早就這麼做了。

但找出更多方法，好讓我們能更圓滿地處理他們的問題，其實對我們也沒有什麼幫助，親愛的。

真正對我們有幫助的，其實是我們自己人。我們這邊就有很多人嘛。到處都有。所以勇敢踏出去吧！去展現或不展現你的威脅性，只要你想的話。

特別感謝

為了要寫出這一本既有趣又讓人想摔到牆角的書，我依靠了很多人的支持和努力。

首先，要感謝我圖片的原型模特兒們，為我創造的荒謬情境帶來這麼多的真實感：Nikki Chase、Emily Browning、Heather Young、Hilary Hesse、Emily Corbo、Jason Kyle、Allan Lazo、Christian Baxter 和 Alex Garcia。

感謝我的經紀人 Susan Raihofer，在我完成最初概念的半途打電話給她時，她告訴我要相信自己的直覺，但那時候我只覺得自己寫這本書好像是錯的。感謝你為我思考所有我沒耐心思考的事，感謝你始終對我這麼真誠，最重要的是感謝你給我三本書的合約，沒有這些的話，這些書可能不會存在。你總相信我能做到，但我老是以為自己做不到！

感謝我的編輯 Patty Rice，對這本書比上一本書更有耐心，我原本以為這是不可能的，而且對那些我總是錯過的細節，你有著無可挑剔的眼光。也要感謝 Kirsty Melville，她知道我需要更多時間來琢磨，甚至要提前幾個月才夠。

感謝最開始閱讀手稿和測試版的工作人員：Antonella、Tamara O.、Molly S.、Amber、Susan、Todd、Karen、Matt、Rob、Tia、Tamara W.、Michaela、PeiPei、Beth、Brenda、Tam 、Stacy、Irving、Christina、Katie、Ragan、Nicole、Molly J.、Cianti、Laura、Wayne、Abla、Joe、Laura 和 Heather。沒有各位的幫忙，這本書就不會存在。

當然，還有 Lance 和 Jennifer Cooper、Rachael Cooper、Charmaine Cooper、Lance 和 Susie Cooper，以及所有其他讓這位古柏成為可能的古柏家人。

最後，要感謝我的丈夫、伴侶和最好的朋友 Jeff。你絕對是我二〇一二年遇到最厲害的前二十人之一。

一起來　思 0ZTK0050

這樣說話，最聰明！

展現你的領導力，但不傷害男人玻璃心的「零威脅」成功法則

How to Be Successful without Hurting Men's Feelings

作　　　者　莎拉‧古柏 Sarah Cooper
譯　　　者　陳重亨
主　　編　林子揚
責 任 編 輯　張展瑜

總 編 輯　陳旭華 steve@bookrep.com.tw
出 版 單 位　一起來出版／遠足文化事業股份有限公司
發　　行　遠足文化事業股份有限公司（讀書共和國出版集團）
　　　　　231 新北市新店區民權路 108-2 號 9 樓
電　　話　(02) 2218-1417
法 律 顧 問　華洋法律事務所　蘇文生律師

封 面 設 計　FE 設計
內 頁 排 版　宸遠彩藝工作室
印　　製　中原造像股份有限公司
初 版 一 刷　2024 年 6 月
定　　價　380 元
I S B N　978-626-7212-74-5（平裝）
　　　　　978-626-7212-72-1（EPUB）
　　　　　978-626-7212-73-8（PDF）

HOW TO BE SUCCESSFUL WITHOUT HURTING MEN'S FEELINGS: Non-threatening
Leadership Strategies for Women by Sarah Cooper
copyright © 2018 by Sarah Cooper.
Published by arrangement with Sarah Cooper c/o Black Inc.,
the David Black Literary Agency through Bardon-Chinese Media Agency
Complex Chinese translation copyright © 2024 by Walkers Cultural Enterprise Ltd.
All rights reserved

國家圖書館出版品預行編目（CIP）資料

這樣說話, 最聰明 !/ 莎拉 . 古柏 (Sarah Cooper) 著 ; 陳重亨譯 . -- 初版 . -- 新
　北市 : 一起來出版 , 遠足文化事業股份有限公司 , 2024.06
　208 面 ; 14.8×18 公分 . -- (一起來 ; ZTK0050)
　譯自 : How to be successful without hurting men's feelings
　ISBN 978-626-7212-74-5(平裝)

　1.CST: 溝通技巧　2.CST: 女性　3.CST: 職場成功法

494.35　　　　　　　　　　　　　　　　　　　　　　　113006433